HUIT JOURS
EN ESPAGNE

PETITES NOTES DE VOYAGE

PAR

EL-F'DOULI (L.-E. BOMPARD)

Rédacteur a *L'Akhbar*

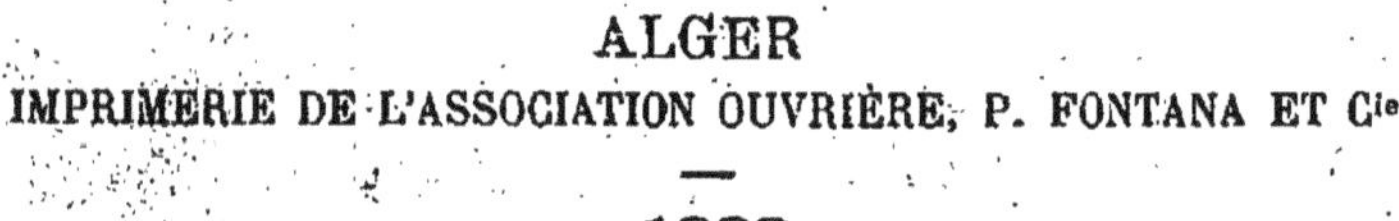

ALGER
IMPRIMERIE DE L'ASSOCIATION OUVRIÈRE, P. FONTANA ET Cⁱᵉ
—
1883

HUIT JOURS EN ESPAGNE

HUIT JOURS

EN ESPAGNE

PETITES NOTES DE VOYAGE

PAR

EL-F'DOULI (L.-E. BOMPARD)

RÉDACTEUR A L'*Akhbar*

ALGER

IMPRIMERIE DE L'ASSOCIATION OUVRIÈRE, P. FONTANA ET Cie

1883

A

M. ARTHUR DE FONVIELLE

RÉDACTEUR EN CHEF DE L'*Akhbar*

———

A vous ces quelques notes de voyage comme modeste témoignage de sympathie et de profond attachement.

L.-E. BOMPARD.

AU LECTEUR

Lecteur qui ne connais l'Espagne que de nom,
Dont la modeste bourse, hélas ! comme la mienne,
Ne saurait te permettre un voyage en renom,
Concentre dans ton cœur ta douleur et ta peine.

Achète chez Gavault, pour vingt sous seulement,
Ce petit opuscule écrit de main de maître,
Et sans te déranger, sans quitter ta fenêtre,
Tu pourras voir Valence et son peuple charmant.

Je ne te dirai pas la valeur de l'ouvrage,
Tu t'en apercevras en tournant chaque page,
Du reste, il est signé par El Señor BOMPARD,
Don *El F°douli* d'Alger, rédacteur à l'*Akhbar*.

AUGUSTE CARBON.

Juin 1883.

HUIT JOURS EN ESPAGNE

A BORD DE LA « FÉ »

La mer est houleuse. Au large les vagues blan‐
ches moutonnent; mais le paquebot espagnol la *Fé*,
qui doit nous mener à Alicante et Valence, est im‐
mobile sur ses ancres ; pour l'instant, pas d'inquié‐
tude. De nombreux passagers arrivent de minute en
minute surchargés de bagages. Ce sont des appels,
des éclats de rire, des interpellations dans toutes les
langues, qui se croisent, se mêlent, se confondent.
Pensez donc ! le Cirque des Deux-Mondes va s'em‐
barquer.

Sur le quai, les *yaouleds* déposent leurs colis pour
regarder transborder les chevaux dans les boxes. Sur
les balustrades du boulevard, on voit grossir à cha‐
que instant le nombre des spectateurs ; bientôt c'est
une foule.

A bord, les cabines se remplissent, c'est tout juste
s'il y a de la place pour tous les passagers. L'heure
du départ sonne ! Pour larguer les amarres, pour
donner le coup de sifflet avertisseur, on n'attend plus

que les papiers. Fort heureusement, eu donnant une aubade d'adieu aux artistes, la musique du Cirque fait prendre patience.

On va partir ! l'hélice de la *Fé* tourne. En route ! Les mains se serrent, les yeux se mouillent, les mouchoirs s'agitent. Adios, a rivederci, good bye, au revoir !

Et l'hélice, après avoir barbotté quelque tours dans la mousse, régularise son mouvement. Voilà le fortin du môle, voilà la cloche ; les maisons d'un blanc sale se rapetissent dans l'éloignement. Bientôt la masse noire disparaît tout à fait... Adieu, Alger !

Pendant le premier quart d'heure, tout va bien ; on se regarde, mais en hésitant.

Cependant les estomacs commencent à être oppressés, la bouche devient aigre, le cœur se soulève, la salive s'épaissit. Un seul mauvais exemple donné par une dame et tout le monde suit. Le rang des promeneurs se clairsème, les défections sont contagieuses. On cherche les petits coins pour s'épancher à l'aise.

Quelques moments après, à l'odeur rance des machines, au parfum du crottin de cheval s'ajoute une âcre émanation de nourriture peu digérée, de lie de vin, de repas rendu avant terme.

Dans la salle à manger, dès l'abord, on va bon train. C'est typique. Six personnes seulement autour de la table, toutes sont de nationalité différente. A chaque coup de tangage, ce sont des exclamations diverses, la confusion des langues à un mille d'Alger.

Mais la *Fé* file avec une rapidité effrayante, malgré le temps contraire qui dure toute la nuit. Le craquement des boiseries se mêle au cliquetis des verres suspendus dans les violons ; les lampes, secouées par le roulis, impriment des oscillations à leur lumière pâle sous le verre dépoli.

Madre de Dios ! et une évacuation prolongée, suivie de renvois et de hoquets, souligne ce cri de détresse.

Le matin, les traits tirés, les yeux battus, la face décomposée, la bouche amère de bile, on entre, après quinze heures de mer, dans le port d'Alicante.

Avec quelle satisfaction ces quatre-vingts poitrines saluent la terre d'Espagne.

Au bruit des voix joyeuses répondent le hennissement des chevaux, le braiement des ânes, le cri des singes. C'est la fin des souffrances.

On débarque.

ALICANTE

Aspect singulier.

Toutes les fenêtres sont grillées ; à travers les jalousies qui les recouvrent presque en entier, on aperçoit des têtes étonnées qui vous regardent passer. Les stores se referment avec un petit bruit sec. Les femmes, fort bien, ma foi, la mantille à la tête, vous dévisagent opiniâtrement, tandis que les hommes, couverts d'un sombrero, la cape à l'épaule, vous toisent en fumant une cigarette.

Les mendiants, pieds-bots, cul de-jattes, boiteux, aveugles, paralytiques, d'une voix nasillarde, monotone, vous harcèlent, vous ennuient, s'attachent à vos talons et vous suivent en vous poursuivant de leurs prières.

Les gamins se précipitent sur vous, pour vous faire prendre des billets de loterie et ne vous lâchent qu'après vous avoir débarrassé de trois pesetas.

Les rues de la ville sont propres, bien tenues quoique le service en soit très primitif. Pour arroser, un cheval étique traîne un vulgaire tonneau rempli d'eau de mer ; un homme suit, tenant une manche au milieu de laquelle est une pomme d'arrosoir, il va de çà de là, jetant l'eau proprement, sans salir personne.

Dans les *fondas* (hôtels), tout un mélange de population, bizarre, originale. Une couverture rayée sur l'épaule, le visage jaune, rasé de frais, les hommes discutant, criant, s'interpellant bruyamment, car dans le pays des taureaux on ne parle pas, on beugle.

Mais voici l'heure du départ arrivée, et avec la nuit, la mer n'est pas calmée ; elle menace toujours ; le navire remue beaucoup. Il est préférable de gagner Valencia par terre.

Que faire en attendant le train ? se promener, bien que les pieds vous rentrent dans le corps, effet naturel des pavés pointus. Ce léger retard permet de voir fêter un saint.

Le cortége, qu'on se penche pour regarder, n'est pas encore sorti ; dans les petites rues étroites, la foule grouille, remue, chuchotte ; soudain la musique militaire fait entendre une marche, les vivats éclatent et le bonhomme en plâtre, qui a la prétention de simuler un bienheureux quelconque, est extrait de sa niche et va prendre l'air en chancelant sur l'épaule des porteurs. On se découvre ; la procession avance. Des fusées sillonnent le ciel et retombent avec un petit pétillement; tandis que tout ce monde heureux de faire une fois de plus montre de bigoterie, avance et se prosterne, nous gagnons la gare.

EN CHEMIN DE FER

—

A neuf heures vingt, la corne retentit, la locomotive siffle, les gendarmes qui servent d'escorte au courrier escaladent les trois marches de leur compartiment, le convoi s'ébranle lentement en quittant la gare à colonnades.

Dans les wagons de première, ça sent le renfermé ; dans les autres, les haleines fortes, les dessous douteux, les pieds sales, chaussés d'espadrilles, en rendent le séjour insupportable.

Des gares, toujours des gares avant d'arriver à une heure du matin à la station d'Encina, où un arrêt de trois quarts d'heure vous permet de goûter le chocolat du cru, lourd, épais comme un mastic, noirâtre, servi dans d'énormes tasses qu'accompagne forcément un verre d'eau saumâtre et un gâteau plat, parfumé d'anis et de canelle.

Partout où l'on s'arrête, on vend en plus de l'eau, des oranges. Là, commence l'ennui du change de monnaie. On est tracassé pour parvenir à comprendre : réal, peseta, ducat, contrahecha, morabatin, castellano, vous trottinent en tête. On paie souvent de confiance, on se trompe ; mais n'ayez crainte, vous serez le dernier que le marchand avisera.

A nouveau et plus doucement encore, le train continue sa route.

Au jour, à travers la buée formée sur la vitre du compartiment, on distingue la campagne ; tout au fond les montagnes arides, incultes, se dressent vers le ciel bleu chargé de gros nuages roses au soleil levant. Puis, les prés verts, qui sont d'une végétation luxuriante ; des rizières remplies d'eau en pleine prospérité ; des blés grands, hauts, superbes ; les orangers en fleurs embaumant l'air ; les citronniers au feuillage foncé et chargés de fruits jaunes.

Le train file, on aperçoit dans le lointain des clochers aux toits luisants de briques cuivrées, des places complantées de palmiers élancés, droits.

A mesure que Valencia approche, la *huerta* s'embellit, la plaine prend un air joyeux, des groupes animés sillonnent les routes et piquent de vives couleurs le ruban gris des chemins poudreux. Le train s'arrête, les portières s'ouvrent, nous venons d'arriver dans la troisième ville du royaume.

VÁLENCIA

Dès qu'on est débarbouillé, on va voir la ville dont les maisons sont très élevées ; à l'entresol, le grillage traditionnel existe pour permettre au novio de *plumer la poule*, c'est-à-dire de converser avec sa belle à travers les barreaux de fer forgé. Lui, dès que la première étoile paraît au ciel, vient s'appuyer contre le rebord du balcon et causer d'amour.

Sous ce climat brûlant, où les passions vives débordent, où le sang chaud circule, mainte fois on a maudit la jalousie protectrice, terreur des amants épris et sauvegarde efficace des parents.

Au milieu des amas de maisons, les places sont nombreuses, toutes sont situées devant une église où l'on voit circuler de ravissantes petites Espagnoles, brunes, à l'œil hardi, à la démarche provocante, le tabouret de soie pendu au côté, le livre d'heures à la main.

Les rues sont d'une étroitesse excessive ; elles donnent seulement passage à la *tartane*, voiture incommode montée sur deux roues, attelée d'un cheval; on est obligé d'escalader ce véhicule primitif pour gagner l'hôtel. Hissé dans cette boîte, on est cahoté à droite et à gauche : les genoux se rencontrent ; pour ne pas se buter contre son voisin et ne pas perdre son centre de gravité, il faut s'accrocher, se maintenir fortement.

Il y a plusieurs marchés. Tous sont très achalandés : des étalages nombreux ; des amas d'oranges ressortent rouges, brillants, et forment comme une grosse tache sanguinolente à travers le bariolage des costumes des mañolas, soldats et caballeros, qui vont, viennent, s'entrecroisent.

Partout, d'ailleurs, l'étranger est bien reçu ; fier de son pays, le Valencien en fait les honneurs avec grâce et montre orgueilleusement les curiosités sans nombre que renferme la ville, et quand le soir, les veilleurs de nuit, en marquant les heures crient : « Le ciel est serein, habitants de Valence ! » alors vous pouvez dormir, reposer tranquillement ; on connaît les lois de l'hospitalité dans cet agréable séjour.

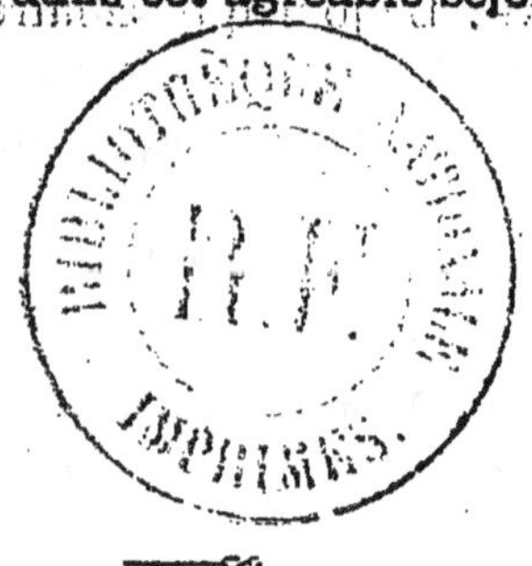

CASA D'EL MARQUÉS DE CAMPO

—

Tout d'abord, une vaste cour, complantée de palmiers.

Par une porte cochère, aux panneaux finement sculptés, on arrive de plein pied à l'escalier monumental qui mène au premier étage. Le palais n'est guère plus élevé. Le jour qui éclaire la cage vient d'en haut, tombe perpendiculairement sur les ornements en vieil argent qui garnissent les rampes et en fait ressortir la fine ciselure.

Instinctivement, on lève la tête. On aperçoit alors une élégante coupole, telle qu'on pourrait imaginer le dôme d'une chapelle avec des vitraux rouges et or qui tamisent la lumière et lui enlèvent la crudité qu'elle pourrait avoir en tombant sur la blancheur mate des marches.

Aux quatre coins, des écussons rappellent la fortune du maître de céans et la multiplicité de ses entreprises : le monopole du gaz, des chemin de fer, de l'alimentation de la ville en eau, de plusieurs lignes de navigation.

La phrase du Chat-Botté vous revient malgré vous à la mémoire, et dans votre for intérieur, vous songez qu'auprès du marquis de Campo, le marquis de Carabas n'était qu'un vulgaire mendiant.

Le premier salon qu'on nous montre est le salon de réception, c'est aussi le plus grand. Sur la portière qui retombe, je remarque les armoiries du maître tissées dans le brocart, les murs sont couverts de tapisserie de soie admirablement conservées et d'une fraîcheur qui les ferait dater d'une année à peine. Le meuble jaune et or vous donne des éblouissements au point que, croyant avoir tout vu, vous quitteriez la salle si l'on ne vous faisait remarquer à temps que vous oubliez de donner un coup d'œil aux lustres que vous regretteriez toute votre vie de n'avoir regardés et au tapis qui, fait d'une seule pièce, couvre une superficie de dix mètres à peu près.

Vous passez de là au boudoir appelé Salon des Papillons. Boudoir et papillon dans un pays comme l'Espagne, cela ne résume-t-il pas la femme ?

La salle d'armes vient après. Vous n'êtes pas sans avoir vu des salles d'armes. Tous nos musées ou à peu près tous en possèdent. La richesse des pièces donne seule quelque prix à cet entassement de trophées, de panoplies, de chevaliers bardés de fers et prêts à chevaucher sur leurs palefrois pour le tournoi ou la guerre. Ici, toutes les armes ont été scrupuleusement choisies : les lames de Tolède, cela va sans dire, n'y font pas défaut ; plus d'une est là, pendue au clou maintenant, qui a perforé mainte cotte de mailles, brisé casques et cuirasses il y a quelques trois cents ans de cela.

Avec la salle de billard aux meubles en cuir de Cordoue, et le fumoir aux tapisseries vertes, on passe aux temps modernes, mais on admire toujours.

Cependant le Salon Chinois, faut-il le dire, a toutes mes préférences. Un dernier jour a été ménagé à dessein, et la vue se repose d'avoir eu tant à admirer. C'est, m'explique-t-on, un lieu de repos, le petit coin retiré où vers les grandes chaleurs, à l'heure de la sieste, on vient en compagnie de cet ami alors apprécié : un livre, goûter quelques moments de solitude et de sommeil. La paupière garde en se fermant une délicieuse impression, et la couleur locale l'exige, c'est l'Empire Céleste qui devient le royaume des songes.

Là Grévin a été devancé, du moins en ce qui concerne son musée. De chaque côté de la porte, un Chinois, une Chinoise, dans le costume de leur pays, vous regardent d'un air engageant qui veut dire : entrez. Vous ne manqueriez pas de leur donner le bonjour en entrant et de leur tirer la révérence, si l'on avait la charitable attention de vous prévenir que vous n'avez devant vous que des mannequins en cire.

Le pavillon chinois de l'Exposition vous donnera peut-être une idée de celui-ci. Tout ce qui se fabrique dans l'Empire du Milieu et qui peut avoir quelque prix se trouve là réuni. C'est un caprice de seigneur d'Espagne, et vous savez que les caprices chez eux sont ce que nous avons longtemps appelé chez nous : Fantaisie royale.

Aussi on ne saurait plus être étonné de ce qui, en d'autres circonstances, nous aurait retenu des heures entières et sembler digne d'une admiration spéciale, ni la salle à manger toute en vieux chêne sculpté, ni le salon Louis XV qui représente à lui seul une fortune, ni la serre où croissent côte à côte les arbres de tous les climats, ni la galerie de peinture que plus d'une de nos villes voudrait posséder comme musée.

Mais toutes ces richesses, le touriste est seul à les admirer, le marquis de Campo ne vient qu'une fois par an visiter ce palais.

Dame, il en a tant d'autres.

UN DÉJEUNER A L'EXPOSITION

— Oh non, merci, mille fois !

— Mais, je vous en prie, servez-vous donc.

Et notre hôte D. Juan Solis Gil semblait surpris de notre refus persistant, pouvant à peine croire qu'après avoir goûté seulement quatre fois le plat valencian: la *paella bruta,* nous fussions déjà rassasiés.

Nous avions cependant fait largement honneur à ce succulent déjeuner, l'immense plat en fer posé à trois quarts vide sur la table, témoignait éloquemment de nos attaques successives. Le fait est que, accompagné d'aïoli et d'escargots, ce mélange de poulets au riz fortement safrané, d'anguilles frites, de petits pois et d'artichauts coupés, est délicieusement bon.

Mis en appétit pas les condiments épicés, nous ne nous reposions guère et nos cuillers en bois plongeaient dans les plats de tomates en sauce et de salade de laitue agrémentée de thon, nageant dans l'assaisonnement en compagnie de piments excitants, de câpres, d'olives noires juteuses.

Il était si engageant, ce copieux repas servi sous

les grands arbres ombreux de l'Exposition horticole,
au milieu de fleurs de toute beauté, d'œillets doubles
aux pétales énormes, de camélias rouge feu ; les
arguments de notre hôte étaient d'une persuasion
telle que nous fûmes gourmands, comme on l'exi-
geait. D'ailleurs l'*Alicante* authentique, le *Xérès*
véritable jouaient le rôle du meilleur des excitants.

Et quand le soir vint, nous retournâmes admirer
l'Exposition, voir la lumière électrique, entendre la
musique, sans avoir eu le courage de dîner.

Pour vingt-quatre heures, la *paella bruta* nous a
suffi.

AUDIENCIA

C'est de 1592 que date ce merveilleux plafond de l'Audiencia.

En entrant dans cette salle, jadis siége de la députation, l'œil est charmé par un fouillis doré d'une prodigalité énorme. Partout où le regard se repose, c'est un monceau cuivré semblable à une fournaise ardente suspendue sur votre tête ; ce métal ouvragé est d'un goût exquis, d'un fini parfait.

Plus bas, une galerie en bois, ouvrée, avec des arabesques et des bas-reliefs mythologiques, donne la lumière, qui se reflète crue, sur les peintures murales dont sont ornés les immenses panneaux de la salle.

Là, les députés du royaume de Valencia, ordres réguliers, militaires, ecclésiastiques, sont représentés en costume du temps. C'est une agréable vue que ces décorations, ces armes, ces chamarrures ; ils sourient tous, semblant heureux encore d'être logés dans ce superbe palais éblouissant de richesses.

LA MANUFACTURE DE TABAC

Trois mille paires d'yeux étaient fixés sur moi, pendant qu'avec une grâce parfaite l'ingénieur José Ferrandiz y Carreras me faisait les honneurs de l'importante fabrique qu'il dirige.

Car se sont partout des ouvrières, à la main vive, d'une habileté parfaite, qui travaillent les grandes feuilles brunes et les transforment.

Avec quelle dextérité les cigarettes sont faites par les jeunes Valenciennes ! c'est à qui luttera de vitesse et d'habileté ; le tabac est roulé, serré, pressé : en un clin-d'œil, il est prêt à fumer.

Elles caquetaient bien un peu sur notre compte, ces innombrables ouvrières de la Manufacture, et grâce à ce jacassement cazadores, regalias n'ont pas été faits à la perfection. Il y avait bien des regards railleurs, des sourires malicieux pendant le parcours de ces interminables galeries. En sortant, seulement, nous en comprîmes la raison :

Nous avions tout le temps éternué !

CONFITERIA

Huit heures à peine ! Personne dans les pâtisseries.

Mais comme le soleil commence à donner dans les vitrines et que les mouches bourdonnent et volent en rond attirées par les sucreries, la demoiselle de comptoir, une brune que je reverrai peut-être dans mes rêves, court, va, vient, rapide, faisant à elle seule dans le magasin un bruit qui contraste avec le calme de la rue.

Tout le monde est encore à la messe.

Mais peu à peu sortant de l'église voisine, la foule anime les trottoirs ; les hommes se hâtent de rouler une cigarette ; les femmes, à petits pas pressés, courent aux confiseries.

Après l'âme s'occuper du corps, c'est tout naturel.

Et toutes parfumées d'encens, le front humide encore du contact de l'eau bénite, de leurs petits doigts qui viennent d'égréner le chapelet, elles prennent délicatement dans les assiettes rangées sur le comptoir : méringues, brioches feuilletés, babas et choux à la crême.

Ces mêmes lèvres qui viennent, une heure durant, de murmurer des *Ave Maria* et de se coller sur les médailles du rosaire, ne répugnent pas à la matérialité du contact d'un gâteau friand.

Je ne sais pas si c'est l'effet d'une simple illusion, mais il m'a semblé que leurs dents s'imprimaient *dévotement* dans la confiture des tartes, comme si un confesseur indulgent leur avait imposé la demi-douzaine en guise de pénitence pour péchés mignons.

Le fait est que tout est silencieux dans le magasin, qu'on n'entend pas ce bourdonnement féminin, ces fusées de rires si connus dans nos pâtisseries françaises.

C'est singulier, cette petite *merienda* suivant immédiatement l'audition de la messe ; peut-être en est-on venu à considérer la *confiteria* comme une dépendance de l'église.

Telle est mon opinion.

Je n'ai pas besoin de vous dire qu'un petit verre de *Pajarete*, de *Xérès*, de *Madère* ou de *Malaga* est toujours bien vu et bien bu même en Espagne, même à Valence.

Les señoras n'auraient garde d'en faire fi, ne serait-ce que par amour-propre national.

Aussi, rien de plus amusant que de les voir allonger les lèvres sur les bords du verre, et la tête renversée, la gorge tendue, boire à petits traits et savourer *religieusement* la liqueur.

Maintenant, si des regards profanes, si des yeux de *Français* sont fixés avec trop d'insistance peut-être sur la suavité de leurs contours mis soudainement en relief, est-ce leur faute ? Ne sont-elles pas chez elles ?

Sans cela, au sortir de la messe, voudraient-elles faire naître ainsi dans l'esprit du prochain, de ces mondaines idées qui mènent droit en enfer ?

Maria purissima ! Peut-on dire cela !

L'HOPITAL

L'établissement le plus superbe de Valencia, qui compte cependant des richesses très grandes, est l'Hôpital général.

C'est unique en son genre, avec ses innombrables colonnades de marbre rouge, ses salles grandioses, ses jardins aérés.

Rien n'y manque : boulangerie mécanique, cordonnerie, boucherie, tout se fait dans l'intérieur, qui est un vrai monde.

Bâtie en croix, l'infirmerie forme quatre dortoirs qui n'ont pas moins, chacun, de 39 mètres de longueur et 11 mètres de largeur. 7,200 malades peuvent y être soignés. La salle des convalescents, l'asile des petits enfants sont d'une beauté excessive.

Vous n'avez qu'un seul regret, celui de ne pas être malade pour être si bien logé.

LA CATHÉDRALE

J'allais commettre un oubli.

J'ai cependant été bien essoufflé en grimpant les deux cent cinq marches en spirale qui mènent au sommet de la tour ; l'immense bourdon a fait tinter mes oreilles ; j'ai vu les cloches se démener sous les pieds et les mains des sonneurs, et, pour un peu, j'allais ne pas en parler.

En 1336, Pierre II vint à Valencia ; c'est à cette époque que fut posée la première pierre du monument le plus riche et le plus ancien de la ville. On entre dans l'édifice par trois portes, chefs-d'œuvre de travail patient, assidu. La principale entrée est du style gothique le plus pur ; une rangée d'apôtres avec leurs faces vénérables et barbues, en forment l'arceau ; sous la clef de la voûte trône la Vierge, entourée d'anges joufflus qui soufflent, s'époumonnent dans des instruments primitifs, dont quelques-uns sont rongés par le temps et par la pluie.

Au cintre, un fleuron circulaire, émaillé de vitraux transparents, éclaire le vaisseau principal du temple. En 1798, cette porte merveilleuse était encore garantie par une grille extérieure qui ne s'ouvrait seulement qu'aux importantes cérémonies.

Les magistrats très-graves, raides dans leurs toges des grands jours, y passaient pour aller prêter le serment traditionnel, auquel ils furent toujours si scrupuleusement fidèles, dans tous les temps et dans tous les pays.

Faisons comme ces messieurs de la basoche, entrons.

La vaste nef est pleine ; c'est dimanche, on écoute attentivement le prêche de l'archevêque, un futur cardinal, qui se démène dans une chaire spacieuse pour prouver quelque chose que je ne comprends pas.

Laissons-le convaincre ses ouailles et, en touriste, visitons l'édifice considérable en croix latine qui nous abrite.

Partout, les murs sont bigarrés de jaspe, spécimen curieux des carrières du pays. Voyons l'autel principal aux portes garnies de tableaux.

Ça vaut son pesant d'or, ne manque-t-on pas de vous dire.

C'est curieux, en effet, comme à l'étranger tout a de la valeur ; il est vrai que les filigranes de cuivre dorés qui ornent les bas-côtés ne manquent pas d'un certain cachet artistique.

Puis vient la série des piliers ; le premier est décoré des armes de Jaime Ier, une vieille ferraille historique, dont je reparlerai, et le lustre en cristal de roche, une merveille, composé de 82,284 morceaux que, par exemple, je n'ai pas eu le courage de compter.

Ensuite, ce sont des floppées de bienheureux, d'anges, de séraphins, qui s'étalent dans une quarantaine de chapelles latérales, le tout agrémenté de troncs de bienfaisance, de sébilles pour les pauvres.

Dans la sacristie, on vous exhibe une chemisette de Jésus enfant, deux pièces de monnaie reçues par Judas, et des masses de breloques, conservées avec un soin et une vénération extraordinaires. La seule chose qui puisse fixer sérieusement l'attention, est un Christ en ivoire attribué au burin magistral de Michel-Ange ; volontiers j'aurais acheté une indulgence, si l'on m'avait assuré pour longtemps la possession de cet antique objet d'art.

LES ARMES DU ROI D. JAIME Ier

Encore une antiquité rare, ces vieilles ferrailles usées accolées à un pilier d'église.

Elles ont fait trembler les ennemis, quand D. Jaime Ier, armé de pied en cap, droit sur son *destrier*, coiffé du *heaume*, commandait brillamment à l'armée d'Aragon. Ces guerriers farouches, aux genouillères pesantes ont obéi à leurs ordres. Sous leur *chamfrein* empanaché, les chevaux hennissaient et se précipitaient pour repousser le Maure envahisseur.

Et maintenant, des chevaliers bardés du XV° siècle il ne reste qu'un éperon rouillé dévoré par le temps, une bride mangée, aux ornements déteints, et une *gorgerine* qui a été le sujet de bien de controverses.

Le curieux voit, regarde, admire et pense tout comme moi que cela n'a jamais appartenu à D. Jaime.

Escrimez-vous donc à montrer des antiquailles !

L'IMPRIMERIE VALENCIENNE

AU XVe SIÈCLE

A l'époque, ce n'était pas encore les *typos* gouailleurs, pleins de verve et d'esprit, vêtus de l'immense blouse blanche maculée d'encre et coiffés du traditionnel bonnet de papier à inscriptions bizarres. La casse n'était pas perfectionnée, les presses n'existaient pas. Cependant, au début de l'invention de l'imprimerie, ces moines barbus, habillés de bure, chaussés de sandales, ont fait des chefs-d'œuvres que les bibliophiles se disputent.

C'est eux qui, les premiers, introduisirent les caractères en bois à Valence, en 1472, et firent paraître le premier livre imprimé : une brochure cléricale, naturellement.

Deux années s'écoulèrent avant qu'Estavan Terreros y Pando produisît un poème sur la Conception de la Vierge (?). Puis, le 23 février 1475, un vocabulaire latin de 319 pages ayant 164 lignes chaque, vit le jour.

Commencé en 1472, cet ouvrage, d'une beauté et

d'une impression parfaite à l'époque, demanda trois ans d'exécution.

L'imprimerie était lancée ; elle devait, en Espagne comme partout, éclairer les idées, révolutionner le monde.

Les compositeurs valencians furent les premiers de la Péninsule qui comprirent les avantages de cet art grandiose et qui l'appliquèrent avec talent.

C'est à eux que revient aussi l'honneur de l'introduction dans le pays de la première presse typographique, qui fut dirigée par D. A. Fernandez de Cordoue et Lambert Palmart.

Deux noms bien connus des bouquinistes endurcis et ramollis.

Les imprimeurs espagnols de cette époque sont à la hauteur des plus illustres maîtres de l'Europe, de ce côté, aussi, la Péninsule n'a rien à envier à personne.

Quand donc notre alliée naturelle se réveillera-t-elle du trop long sommeil où elle se complaît ?

COURSE DE TAUREAUX

—

Tous sont pressés, affairés.

Le sombrero campé fièrement sur l'oreille, vêtus de leurs costumes aux couleurs vives, ils vont précipitamment dans les rues.

Les tartanes bondées filent au plus grand trot de leur haridelle fourbue avec un bruit de ferraille et de grelots sonores. Les cavaliers fendent la foule bigarrée, risquant à chaque instant d'écraser quelqu'un.

Les marchands d'éventails crient à tue-tête, offrant aux passants la vignette du chien Paco.

Les pâtisseries sont envahies. Dragées, pralines, sucreries sont achetées par les élégants caballeros qui les offriront tout à l'heure aux mañolas aimées.

Les rues regorgent de monde et vomissent des masses compactes de gens de leurs artères innombrables.

Les femmes, aux toilettes extravagantes, la mantille ajustée gracieusement sur la tête, les épaules couvertes d'un châle zébré, aux éclatantes bigarrures, auquel pend encore ostensiblement le morceau de carton carré que la douane appose aux marchandises de provenance étrangère, portent dans un mouchoir leur dîner, qui sera peut-être leur seule nourriture de la journée.

Il n'est pas de privation qu'on ne s'impose pour satisfaire sa vanité ; que d'économies, de souffrances n'ont-elles pas endurées pour être belles ce jour-là.

Mais tous ces passants aux costumes de fête, ont un but commun.

Tous vont du même côté; le soleil brûlant qui darde ses rayons sur les têtes échauffées les importune peu, car c'est aujourd'hui Course de taureaux; pas un ne manquerait ce spectacle.

Aux alentours de l'hipprodrome, c'est une fourmillière qui s'achemine vers les nombreuses portes.

Les uns seront placés au soleil, les malheureux ; tandis que les autres pourront s'asseoir à l'ombre. Ici comme partout, c'est une question de pesetas : en payant plus cher on est mieux placé.

Les gradins sont entièrement garnis ; l'amphithéâtre, qui contient vingt mille spectateurs, est bondé. On se bouscule, on se serre, c'est une véritable poussée ; les visages s'enflamment, on est haletant d'impatience et de chaleur.

La course promet d'être bien menée, les *matadorès* en renom doivent y figurer.

Mais l'heure est lente à venir, les plus mal partagés s'épongent le front ruisselant de sueur ; le visage empourpré, les dames ouvrent leurs ombrelles, les dragées circulent.

Petit à petit, dans les loges, la haute société fait son apparition.

De sémillantes jeunes femmes, le corsage moulé, le buste gracieusement emprisonné, faisant ressortir avec avantage les formes rondelettes et appétissantes; portant d'énormes œillets rouges et jaunes, les couleurs du pays, prennent place sur les estrades réservées

Dans les rangs inférieurs, des bordées de sifflets les saluent, assez singulière façon d'admirer.

Voilà l'amphithéâtre plein à déborder ; qu'attend-on encore ? Il est quatre heures.

Alors la musique des pompiers fait entendre ses éclats cuivrés et sonores. Le public se tait, les conversations se coupent. Tous les yeux sont fixés sur l'arène où une porte vient de s'ouvrir.

C'est le défilé de la *Cuadrilla*.

D'abord la *prima spada* en culotte de soie rose, moulant les formes dans la perfection, sa veste rouge disparaît sous les broderies d'or ; puis, les *chulos* à l'habit bleu, vert, orange, ruisselant d'ornementations capricieuses ; les habiles *banderilleros*, armés du dard recouvert de papier ; les *picadores*, au costume jaune, qui cachent des jambières de fer sous leurs pantalons, montés sur de malheureux chevaux qui, tout à l'heure, deviendront des victimes.

Enfin, les mules caparaçonnées, qui serviront à enlever les cadavres, terminent le cortége.

Tous s'avancent, saluent la loge gouvernementale et s'éparpillent dans l'arène, en jetant leur manteau au peuple, signe de lutte opiniâtre, car il faut y laisser la peau ou vaincre.

Alors, monté sur un coursier fringant, apparaît l'alguazil à l'habit de soie noire moirée ; il demande la clef du toril, on la lui jette, il va ouvrir.

On entend un grincement de gonds, les têtes avides se penchent, c'est le premier taureau qui sort ; la course va commencer.

La bête fougueuse, depuis douze heures, n'a pris aucune nourriture ; elle s'élance dans l'arène ; cette

masse grouillante la surprend, elle est saisie, déconte-
nancée, ne sait où donner de la tête et s'arrête.

Les *toreros* sont sur le qui-vive, leurs regards
étincellent ; ceux-ci serrent fièvreusement leur lance,
ceux-là d'une main crispée agitent leur cape rouge
sang.

C'est l'instant.

Subitement rendu furieux, le taureau pousse un
meuglement, renifle et, tête baissée, tombe sur un
cheval blanc, dont un œil seul est bandé ; le *picador*,
avec sa lance, essaie vainement d'amortir le coup,
l'aiguillon pénètre, l'arme plie, mais le pauvre cheval est mortellement blessé ; coursier et homme rou-
lent dans la poussière.

La corne tigrée noire et blanche ressort tâchée du
sang du quadrupède ; sain et sauf, l'homme a réussi
à franchir la deuxième barrière, son coursier gît
inanimé : près du flanc, une énorme plaie béante
laisse voir les chairs meurtries, hâchées, son œil
humide et vitreux brille au soleil ; il est tombé fou-
droyé, sans un cri.

Mise en excellente humeur par cet exploit de bon
augure, l'assistance applaudit.

Un *chulo* fort leste survient, présente son manteau
pourpré, le taureau se précipite dessus, s'entortille
dans la cape brillante, essuie lui-même ses cornes
rouges, puis pendant que l'homme bondit et s'échap-
pe en courant, se débarrasse du lambeau d'étoffe
qu'il piétine et émiette.

Pendant une seconde, il semble dévisager sournoi-
sement chacun, fond sur un autre cheval, l'éventre à
demi. Sous son terrible choc les tripes sont sorties,
mais le *picador* n'a pas été désarçonné, l'animal est
devenu plus lourd, à chaque ruade sa blessure s'a-
grandit, on voit le ballonnement de ses boyaux mous,

jaunâtres, granités vert et brun, qui vont à droite et à gauche, à mesure qu'il est éperonné ; le sang ruisselle, l'écume baveuse, gluante blanchit sa bouche, son poitrail est marbré de carmin.

Un frisson de plaisir souffle sur les gradins, on est content, joyeux, on piétine.

Cinq chevaux ont été touchés, leur marche s'alourdit à mesure que des flots ensanglantés s'échappent des blessures profondes.

Le taureau est canaille !

Il repart à nouveau.

Cette fois, malgré les *chulos*, il achève trois chevaux, s'acharne sur eux, les fouille avec ses terribles cornes, trépigne sur leurs corps encore frémissants, et semble se complaire à éparpiller les intestins, à y tremper son muffle carré.

C'est un beau carnage.

De la loge présidentielle on agite un mouchoir, la trompette sonne. Il faut faire évacuer les chevaux.

Au début ils étaient six, quatre inanimés sont couchés dans la piste ; deux seuls ont pu se sauver, leur état est piteux, ils sont labourés d'estafilades, boitent, se traînent à peine, sont fourbus à jamais, on devra les abattre.

Les *picadores* ont fait leur temps, aux *banderilleros !*

Ceux-ci sont de beaux gaillards, bien découplés, bâtis en colosses, taillés en hercules, mais dégourdis, légers, agiles.

Armés de petites lances barbelées, ils guettent le moment propice : lorsqu'il est arrivé, ils lancent sur leur adversaire des dards pointus, qui entament son cuir.

L'animal frémit, alors il est piqué au vif, sa douleur se ravive, il beugle : sur sa peau brune les chairs rougeâtres ressortent, un sang noir, lourd, salit le sable de l'arène en traçant un sillon de ses gouttes brûlantes.

Quinze aiguillons sont jetés sur lui, il se démène, rugit, se secoue ; sa queue remue et bat ses flancs ; plus il bouge, plus les flèches s'enfoncent.

Et tandis que les *banderilleros* le harcèlent, le piquent, les *chulos* avec leurs capes l'agitent, le troublent, le grisent en le faisant tourner en tout sens.

L'œil de la bête devient humide, sa lourde tête se balance, il est rompu, brisé.

Dans une dernière surexcitation, aveuglé par la rage, il s'approche du corps d'un cheval, le déchiquète, le dépèce, démantibule la mâchoire du cadavre, le secoue, trempe comme à plaisir ses pieds dans le sang tiède encore.

Alors des cris enthousiastes éclatent. Vestes, chapeaux, cigares, éventails, pleuvent dans l'arène. Ce sont des éclats de voix, des explosions de joie.

Bravo, *toro !* bravo !

Hébété, le taureau relève la tête ; les lambeaux de chairs sont collés à ses cornes, il n'ose avancer de crainte de raviver ses plaies.

Il est à point.

Maintenant, le duel à mort. Taureau et *prima spada* sont en présence ; un d'eux doit y rester.

Armé d'une excellente lame, cachée sous une *muleta* d'étoffe légère, le *torero* s'approche ; cette audace effraie l'animal qui en demeure stupéfait, et redevient soudain terrible, gratte le sable, se précipite.

Les éventails cessent de s'agiter.

On est anxieux.

Ces vingt mille personnes ne respirent plus, la *Cuadrilla* voltige sous les ordres du maître.

Subitement, l'épée étincelle, brille, pénètre.

Le taureau est touché, la lame entrée jusqu'à la garde est restée plantée entre les deux cornes ; les ciselures de la poignée brillent au soleil.

La bête vacille, un tremblement nerveux agite ses genoux, sa tête se secoue, il fléchit et roule aux pieds de son vainqueur.

L'homme a été le plus fort, la bête est morte.

Des hourras frénétiques se font entendre, on bat des mains, on crie bruyamment, pendant que la musique sonne le trépas.

C'est la fin. On célèbre le courage vaillant de la *prima spada*, qui s'est dignement comporté ; on l'acclame de toutes parts, pendant qu'il retire et essuie son épée avec un air de satisfaction évidente.

Viva el torero. Viva !!

REMERCIEMENTS

—

Déjà les gabelous aux mains rapaces ont fouillé ma valise qu'un indolent biskri a emportée chez moi.

Me voilà de retour ; c'est avec plaisir que je me remémore ces huits jours en Espagne, passés si vite, grâce à l'amabilité exquise de mes confrères de la presse valencienne.

C'est à eux que je dois d'avoir visité en détail une ville charmante.

Merci donc à MM. Solis et Sumbiella, merci aussi à MM. Keenan, Marco, Femenias, qui se sont efforcés de me procurer toutes les facilités désirables.

C'est une dette de reconnaissance que je serais heureux de payer.

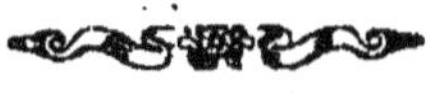

A L'ESPAGNE

SONNET

Salut ! pays des fleurs, où s'endort la pensée,
Terre de l'idéal, des songes radieux,
Où l'âme prend son vol vers la sphère éthérée
Et veut approfondir l'immensité des cieux.

Tu fus grande jadis ; de ta puissante armée,
Espagne, on respectait les drapeaux glorieux
Et devant Charles-Quint, l'Europe prosternée,
Saluait en tremblant ton front majestueux.

Par la gloire et les arts, noble sœur de la France,
Souviens-toi du passé, dans tes jours de souffrance.
Que toujours la concorde unisse tes enfants

Et que de ta grandeur, conservant la mémoire,
Ils inscrivent encor aux tables de l'histoire :
Progrès, Paix et Travail, ces trois mots tout puissants.

Auguste Carbon.

Juin 1883.

119